食用菌栽培技术图说丛书

图说双孢蘑菇
高效栽培关键技术

主　编

王　波　甘炳成

编著者

王　波　甘炳成　彭卫红　鲜　灵

刘本洪　张万良　黄忠乾　杨俊辉

U1014019

金 盾 出 版 社

内 容 提 要

本书由四川省农科院微生物研究开发中心王波研究员及甘炳成副研究员主编。内容包括：双孢蘑菇的生物学特性，培养料配制与堆制发酵，二次发酵栽培方法，草帘覆盖栽培方法，塑料薄膜中棚栽培方法，塑料薄膜小拱棚栽培方法，熟料制袋栽培方法，产品贮运与加工，主要病虫害防治。全书除内容丰富、通俗易懂外，还将关键技术用图片展示，力求达到看图学习生产技术，照图种植双孢蘑菇的目的。适合食用菌专业户，食用菌生产厂及加工厂等相关人员阅读。

图书在版编目(CIP)数据

图说双孢蘑菇高效栽培关键技术/王波，甘炳成主编.—北京：金盾出版社，2007.1

(食用菌栽培技术图说丛书)

ISBN 978-7-5082-4267-5

Ⅰ.图… Ⅱ.①王…②甘… Ⅲ.食用菌类-蔬菜园艺-图解 Ⅳ.S646-64

中国版本图书馆 CIP 数据核字(2006)第 107416 号

金盾出版社出版、总发行

北京太平路 5 号(地铁万寿路站往南)

邮政编码：100036　电话：68214039　83219215

传真：68276683　网址：www.jdcbs.cn

封面印刷：北京精美彩印有限公司

正文印刷：北京百花彩印有限公司

装订：北京百花彩印有限公司

各地新华书店经销

开本：787×1092 1/32　印张：3.5　字数：49 千字

2009 年 2 月第 1 版第 3 次印刷

印数：19001—30000 册　定价：12.00 元

(凡购买金盾出版社的图书，如有缺页、倒页、脱页者，本社发行部负责调换)

前　言

双孢蘑菇是世界上80多个国家生产和消费的菇类。我国已成为双孢蘑菇生产大国,年产量达到152.46万吨(2005年),双孢蘑菇还是我国传统的出口产品,出口产品有速冻蘑菇、盐水菇、罐头菇和干片等。

发达国家的双孢蘑菇已实现了工厂化周年栽培,机械操作,环境条件自动控制,单位产量达到30千克/平方米左右。我国的双孢蘑菇栽培方式多种多样,有室内床架二次发酵栽培、塑料中棚内栽培、田间草帘覆盖栽培和田间塑料小拱棚等,形成了操作简便,成本低,因地制宜的生产方式,对促进我国双孢蘑菇生产起到了积极作用。由于双孢蘑菇生产技术不断改进和完善,生产面积不断增加,生产者迫切需要掌握其生产技术。为此,我们根据科研试验和示范应用所得成果,同时总结生产经验,编写出《图说双孢蘑菇高效栽培关键技术》一书,内容丰富,通俗易懂,关键操作技术配以彩色图片,使读者一目了然,照图会操作,有利于生产者掌握双孢蘑菇生产技术。

在编写过程中,得到了农业部食用菌创新项目、四川省科学技术厅科技攻关项目、四川省财政厅育种攻关和成都市科学技术局项目等的资助;同时参考了多位同仁的研究成果,一些生产者和产品加工企业还为我们提供了拍摄图片的现场和实物,同时得到了作者所在单位诸位同事的支持,在此一并致谢!

由于作者水平有限,书中错漏之处,敬请读者博雅指正。

编著者

2006年10月

编著单位：四川省农业科学院土壤肥料研究所
四川省农业科学院微生物研究开发中心
地　　址：成都市狮子山路4号二区
邮　　编：610066
电　　话：028-84504294　028-84504912

目　　录

一、概　述

（一）开发利用概况与前景

双孢蘑菇是我国主要栽培食用菌之一，位居食用菌第三位，是我国传统的出口产品。

双孢蘑菇是世界上主要栽培食用菌，在欧美国家栽培的食用菌主要为双孢蘑菇，并已实现了工厂化、周年栽培；培养料经过前发酵和后发酵2个阶段，机械操作，环境条件自动控制，出菇集中、整齐，单位产量达到30千克／平方米左右。我国双孢蘑菇生产方式多种多样，有室内床架二次发酵、塑料中棚内栽培、田间草帘覆盖栽培和塑料小棚覆盖栽培等。在四川省开发出了操作简便，生产成本低的塑料中棚内栽培、田间草帘覆盖栽培和塑料小棚覆盖栽培方式，并形成了产业化生产，建立了公司＋基地＋农户的生产基地，产品由工厂收购，价格稳定。栽培双孢蘑菇原料为稻草、麦秸、玉米秸秆和家畜粪以及化学肥料等，原料广，易获取，价格低。原材料经过堆积发酵后，即可栽培双孢蘑菇，适宜农村一家一户生产。

田间栽培双孢蘑菇后的下脚料，直接还田作有机肥，形成水稻→双孢蘑菇→水稻的耕作模式，对提高下一茬农作物的产量和品质具有极好作用。因此，双孢蘑菇是有很大发展前景的食用菌。

（二）经济价值

1.营养价值

双孢蘑菇是一种高蛋白，低脂肪，富含多种氨基酸和维生素的菇类食品。其蛋白质含量居栽培食用菌首位，比香菇、平菇、金针菇、姬松茸、滑菇和木耳等都要高（表1），是芦笋、菠菜、马铃薯的2倍，与牛奶等值，可消化率70%～90%。双孢蘑菇氨基酸总量为61.6%，其中必需氨基酸含量为38.3%。

表1　双孢蘑菇营养价值

种类	蛋白质		脂肪	碳水化合物						纤维素	灰分
	粗蛋白	纯蛋白		总量	水解生成的还原糖	多缩戊糖	甲基多缩戊糖	菌糖	甘露醇		
双孢蘑菇	47.42	24.65	3.30	31.49	19.96	1.17	0.82	0.75	5.92	9.38	8.48
木耳	9.57	8.82	2.22	69.96	54.02	6.86	1.14	3.13	3.47	14.18	4.07
平菇	19.46	11.08	3.84	65.51	54.73	1.98	1.16	5.38	10.87	6.15	4.94
香菇	18.96	12.86	4.83	65.51	54.14	1.51	1.07	4.45	4.51	7.12	3.58
金针菇	31.23	13.49	5.78	52.07	33.06	2.32	1.37	2.87	6.13	3.34	7.58
滑菇	33.76	15.13	4.03	38.99	32.24	2.77	0.94	3.67	3.20	14.23	8.99
姬松茸	17.56	8.98	5.71	61.31	46.38	1.80	1.20	7.38		8.25	7.17

2. 药用价值

双孢蘑菇具有一定的药用价值。中医认为双孢蘑菇味甘性平，有提神、消食、平肝阳等作用。对病毒有一定免疫作用。所含的多糖和异蛋白具有抗肿瘤活性，对小白鼠S-180和艾氏癌的抑制率分别为90%和100%。所含的酪氨酸酶，有降血压功效，是一种降压剂。目前国内市场上销售的肝炎辅助治疗药物："711"片剂、糖浆和肝血康复片，是利用双孢蘑菇的浸出液制成的，对防治和治疗迁延性肝炎、慢性肝炎、肝肿大、早期肝硬变和白血病等均有较好疗效。

二、生物学特性

（一）分类地位

双孢蘑菇［*Agacricus bisporus*（Lange）Sing］是世界上栽培最广泛的一种食用菌。双孢蘑菇在分类上隶属于真菌门（*Eumycota*），担子菌纲（*Basidiomycetes*），无隔担子菌亚纲（*Homobasidiae*），伞菌目（*Agaricales*），黑伞科（蘑菇科）（*Agaricaceae*），蘑菇属（*Agaricus*）。

学名：*Agaricus bisporus*（Lange）Sing

异名：*Agaricus brunnescens* Peck.（现美国通用）

英文名：white mushroom；white cultivated mushroom

日文名：マツシユルーム，ツクリタケ

（二）形态特征

1. 子实体形态特征

双孢蘑菇子实体菌盖初期为半球形，后平展，中部稍凹，直径4～20厘米，表面光滑，不黏，白色至淡红色，干燥时表面有鳞片；菌肉白色，伤变为褐色，肥厚；菌褶幼时为白色，后变为粉红色，老熟后为暗紫色，密集、离生、不等长；菌柄近圆柱形，基部稍膨大，白色，光滑，中实或中部松软；菌膜为菌盖与菌柄之间连接的一层薄膜，起保护菌褶作用，菌膜，菌盖展开后，菌膜破裂（图1）；担子上着生有2个担孢子，罕见有1个担孢子、3个担孢子和4个担孢子的，孢子椭圆形或长椭圆形，光滑，深褐色，孢子印暗紫色，大小为6~8.5微米×5~6微米（图2）。

图1　子实体形态

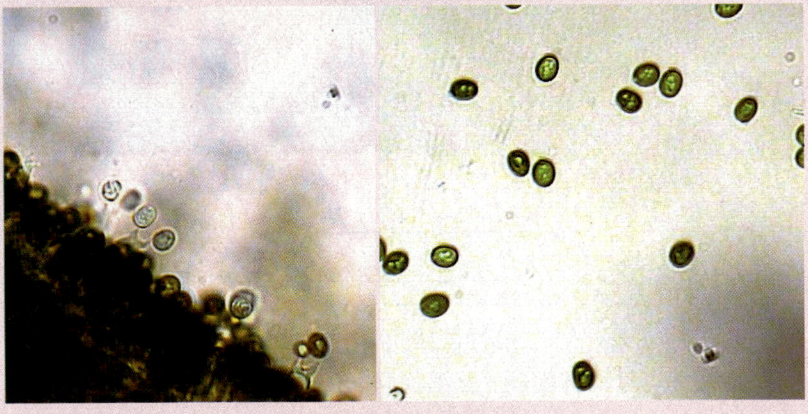

图2　担子和担孢子形态
A.担孢子　B.担子

2.菌丝形态特征

菌丝体白色棉绒状。菌丝为长管状，每个细胞间有隔膜分开，无锁状联合，菌丝分枝（图3）。生产上根据菌丝体长势分为贴生型即匍匐型，半匍匐型和气生型3类。生产

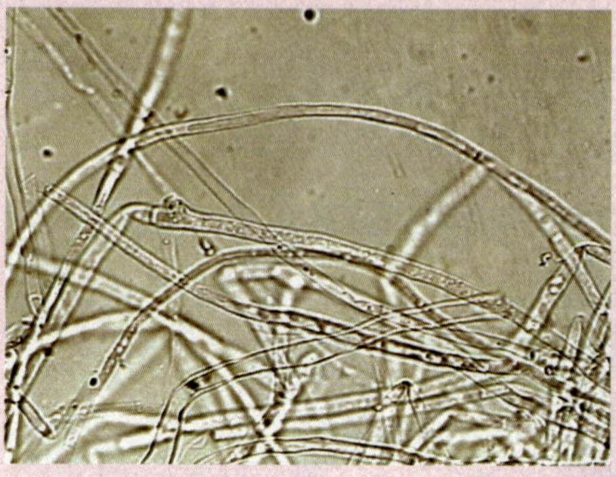

上使用的菌株多为半气生型菌株（图 4）。

图 3　菌丝形态

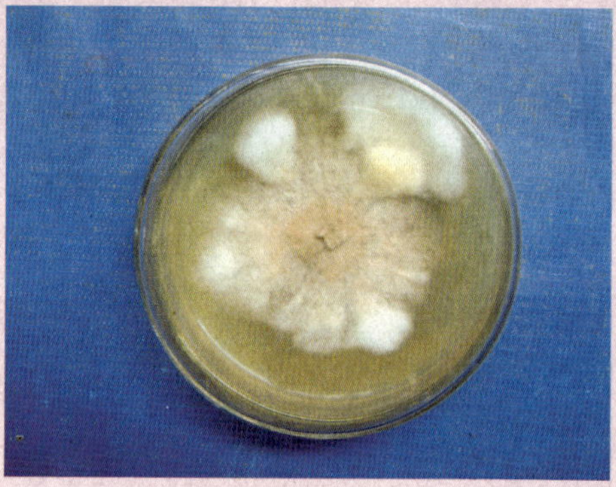

图 4　菌落形态

（三）生活史

双孢蘑菇是一种二极性次级同宗结合的物种。菌丝为异核多核体，菌丝有横隔，无锁状联合，菌丝细胞中细胞核数目不定，菌丝平均每个细胞中细胞核为6～10个，菌丝尖端细胞内有7～20个细胞核，年幼细胞中细胞核较年老的细胞多。双孢蘑菇的担子孢子多数为异核孢子，这种异核孢子是自体可育的。只有少数担子上长出3个担孢子和4个孢子，并可形成同核担孢子，经交配形成异核体后才可育。双孢蘑菇有性生殖有 2 个分支：一支是含“+”、“−” 2 个不同交配型细胞核的担孢子，即异核孢子，自身可育；另一支是仅含有“+”核的担孢子和仅含“-”核的担孢子，须经萌发成菌丝并交配后形成异核体才可育。此外，也有四孢变种的蘑菇。

（四）营养生理特性

双孢蘑菇是一种草腐菌。双孢蘑菇生长最好碳源为纤维素和半纤维素的分解产物；适宜氮源为尿素、铵盐和多种氨基酸。在堆制发酵过程中，堆肥中氮被微生物利用并转化为菌体蛋白，这些菌体蛋白被分解成为双孢蘑菇生长的优质氮源。双孢蘑菇不能直接利用秸秆原料，须经堆制发酵腐熟即被微生物降解后，才能利用。因此，栽培双孢蘑菇不能直接利用秸秆来栽培，这与平菇、香菇、木耳等木腐菌的生产方式不同。

此外，矿物元素也是双孢蘑菇生长中不可少的，所需矿物元素主要为钙、镁、钾、磷、硫等，生产上常在培养料中加入石膏、碳酸钙、过磷酸钙和石灰等来补充矿物元素。

（五）生态习性

1.温　度

温度是双孢蘑菇生长发育的重要因素。菌丝生长的温度范围为5℃～33℃，最适生长温度为22℃～26℃，在5℃以下菌丝生长极缓慢，33℃以上菌丝生长基本停止，40℃以上就会死亡。子实体生长发育的温度范围为4℃～24℃，最适生长温度为14℃～18℃，在此温度范围内，菇体大，肥厚，出菇量多（图5）；温度高于19℃时，子实体生长速度快，菌柄长，肉质疏松，易开伞，品质差（图6）。低于12℃时，子实体生长缓慢，菇大而肥厚，组织致密，但出菇稀少。孢子萌发温度为24℃左右，温度过高或偏低都会推迟孢子萌发。

图5　适宜温度下生长的子实体

图6　温度高时生长的子实体

2.水分与湿度

双孢蘑菇菌丝生长的水分要来自培养料、覆土层和空气中水蒸气。在菌丝生长阶段，适宜的培养料含水量为60%左右，水分含量高于75%时，培养料中氧气则不足，往往会出现线状菌丝，生活力下降，影响菌丝体在料层中生长蔓延（图7）；若含水量低于50%时，菌丝生长缓慢，绒毛状菌丝多，且纤细，不易形成子实体。菌丝体生长期间，覆土层的含水量以20%～22%为宜；空气相对湿度保持在75%左右。子实体生长期间，要求环境中空气相对湿度达到90%左右；若湿度低于80%时，子实体表面会出现鳞片（图8），从而降低质量；若长期处于95%以上的高湿状态下，原基和幼菇易死亡。子实体所需水分，主要是通过覆土层的含水量来满足。

图7　线状菌丝

图8　菌盖上形成鳞片

3. 空　气

双孢蘑菇是一种好气性菌类。菌丝体和子实体生长期间，都要不断地吸入氧气，呼出二氧化碳。因此，要求培养料、覆土层和环境能通风透气。培养料和覆土层的通透性差，会出现因氧气不足，而抑制菌丝体向料层内生长。子实体发生期间，氧气不足，二氧化碳浓度偏高时，会影响子实体发生，以及促使子实体菌柄加长。

4. 光　线

双孢蘑菇菌丝体生长和子实体生长发育都不需要光线。光照强时对菌丝生长有抑制作用。在黑暗条件下生长的蘑菇子实体，光滑、洁白（图9）；子实体生长期间，处于光照环境下，菇体表面会变为红色（图10），从而降低商品质量。因此，双孢蘑菇整个生长阶段，须在黑暗的环境中进行。

图 9　黑暗条件下生长的蘑菇

图 10　光照环境下生长的蘑菇

5. 酸碱度（pH 值）

双孢蘑菇菌丝生长的pH值为5.5～8.5，最适pH值为7左右。由于双孢蘑菇菌丝体生长过程中会产生有机酸，从而降低培养料中pH值，因此，在播种之前，要适当调高pH值，使pH值达到7.5左右，覆土层的pH值达到7.5～8。

6. 其他因素

双孢蘑菇菌丝体须与土壤接触后才能长出菇，即栽培时必须覆盖土壤，利用土壤中臭味假单胞杆菌的代谢产物诱导子实体形成。

三、培养料配制与堆制发酵

（一）原料准备

栽培双孢蘑菇的原料由主料和辅料组成。主料为草料和禽畜粪，草料是指稻草、麦秸和玉米秸秆等，其中以稻草为好。农作物秸秆要求干燥、新鲜，没有腐朽和霉变。以当年收割的农作物秸秆为好。麦秸和玉米秸秆须铡成20～30厘米长并碾破后使用，才能增加其吸水性和提高发酵质量。若将麦秸和玉米秸秆与稻草混合使用时，须提前堆制发酵1周后，再与预湿的稻草混合建堆发酵。此外，还可利用一部分菌渣作原料，其中以金针菇的棉籽壳菌渣为好。禽畜粪为牛粪、猪粪和鸡粪等。种植0.0667公顷（1亩）田的蘑菇，需要0.8～1公顷（10～15亩）田的稻草，稻草用量多，对提高产量起到重要作用。

辅料是指菜籽饼粉，米糠，尿素，石膏，碳酸钙，过磷酸钙等。现在我们已研制出蘑菇基料，完全代替辅料，只需与稻草、麦秸等混合堆制发酵即可。

（二）培养料配方

栽培双孢蘑菇的培养料配方分为粪草料配方、半合成料配方（即用粪量少）和合成料配方（即不用粪），生产上常用的几种培养料配方见表2（培养料配方中原料用量以100平方米计，1亩＝667 平方米，每667平方米（亩）实际栽培面积为400平方米）。

表2　培养料配方

配　方	成　分
配方1	稻草1250千克，菜籽饼粉100千克，尿素15千克，复合肥25千克，过磷酸钙12千克，石灰13千克，石膏或碳酸钙13千克
配方2	稻草 700千克，麦秸300千克，家畜粪（湿）1000千克，菜籽饼粉80千克，尿素15千克，过磷酸钙12千克，石膏或碳酸钙13千克，石灰13千克
配方3	麦秸1000千克，玉米秸秆500千克，干牛粪180千克，尿素8千克，碳酸氢铵25千克，过磷酸钙12千克，石膏50千克，石灰粉50千克
配方4	稻草2000千克，干牛粪1300千克，菜籽饼粉80千克，尿素30千克，过磷酸钙30千克，碳酸钙40千克，碳酸氢铵30千克，石灰粉50千克
配方5	麦秸470千克，干牛粪470千克，过磷酸钙20千克，石膏20千克，尿素10千克，石灰10千克
配方6	稻草1500千克，蘑菇基料800千克

以栽培面积计，每平方米需要15～20千克培养料。

（三）培养料堆制发酵

栽培蘑菇的培养料须经堆制发酵腐熟后，才能用于生产，发酵的质量好坏直接关系到蘑菇的产量。因此，必须科学地堆制发酵好培养料，方可获得优质高产。

1.堆制发酵操作流程

使用一次发酵料栽培和进行二次发酵料栽培的培养料发酵方法有所不同，主要在翻堆时间间隔上存在差异，详见表3和表4。

表3　一次发酵料栽培的培养料发酵方法的操作流程

堆制程序	操作间隔时间（天）	添加原料
预　湿	2～3	加水浸湿草料，堆积
建堆发酵	–	粪、尿素、菜籽饼粉、过磷酸钙、米糠等辅料
第一次翻堆	6	石膏或碳酸钙
第二次翻堆	5	石灰
第三次翻堆	4	调节水分，控温发酵
撤堆、终止发酵	3	检查发酵腐熟程度

表4　二次发酵的前发酵方法的操作流程

堆制程序	操作间隔时间（天）	添加原料
预　湿	2～3	加水浸湿草料，堆积
建　堆	–	粪、尿素、菜籽饼粉，过磷酸钙等辅料
第一次翻堆	4	石膏或碳酸钙
第二次翻堆	3	石灰
第三次翻堆	3	调节水分
撤堆、终止前发酵	2	进入二次发酵

2.堆制发酵

（1）预　堆

将稻草铡断成1～2节，或者用整稻草；麦秸和玉米秸秆须铡断并碾破后使用。将草料放入水池内浸泡，吸水湿透后捞出；或者向草料上浇水，边浇水边踩，让草料吸水湿透。然后，将草料堆成圆形堆或椭圆形堆（图11），让草料进一步吸水湿透，多余的水流失。堆积2～3天后，即可建堆。建堆时的草料含水量须达到以抓一把草料拧能有7～8滴水滴出为宜。若水分不足，须再浇水，补足水分后，才能建堆。

图11　预　湿

A.浇水预湿　B.堆放　C.适宜含水量

（2）建　堆

料堆宽2米，高1.5～1.6米，长度因所需培养料数量和场地而定。在地面上用石灰粉画出建堆的位置。先在地面上铺1层草料，辅料厚度为30厘米左右。然后撒上1层混合均匀的辅料，如米糠、尿素、过磷酸钙和菜籽饼粉等，或者撒1层蘑菇基料（图12），分7～8次撒在草料层上。须添加禽畜粪的，将干粪或粪水浇在料面上，但块状黏稠状粪，须在坑内加水稀释成粪浆后（图13），再浇在草料上，

图12　配制辅料

图13　调制粪肥

可防止粪团分散不均匀。如此1层草料，1层辅料地建堆（图14），料堆四周要求垂直整齐，料堆顶部呈龟背形。整个料堆呈长方体形，切勿建成圆形堆，否则发酵不良。最后用塑料薄膜覆盖进行保温保湿发酵（图15）。经过2天后，将料堆顶部的塑料薄膜揭开通风换气，雨天盖稻草，防雨水淋（图16）。

图14　建　堆

A.铺草料　B.撒辅料　C.浇粪

图15　建好的料堆

图16　发酵方法

（3）翻 堆

翻堆的目的是改善料堆的通透性，排除废气，补充新鲜空气，拌匀培养料，调节水分，为微生物生长创造一个良好的生活条件，使培养料得以充分发酵腐熟一致。

①第一次翻堆　建堆后，料堆内温度上升到70℃～80℃，并且稳定后，开始进行第一次翻堆（图17）。此次翻堆后重新建的料堆要稍窄，即料堆宽度为1.7米，高度不变。若在建料堆部位中心线上，间隔40～50厘米直立粗竹竿或木棒，建好堆后，拔出竹竿，即在料堆中部形成通气孔（图18），有利于提高发酵质量。翻堆方法是：上层料与下层料交换，内层料与外层料交换后重新建堆，将发酵腐熟较好的料，堆放在料堆的四周，即从料堆顶部开始抓取培养料，并抖散与辅料混匀后，在另一侧重新建堆。此时建堆时，加入所需石膏或碳酸钙，将石膏或碳酸钙均匀撒在每层料面上。水分较少时，须补足水分。此外，还可利用翻堆机进行翻堆，提高翻堆效率（图19）。最后覆盖塑料薄膜保温保湿发酵（图20），经过2天后料堆内温度上升到70℃左右时，将料堆顶部塑料薄膜揭开，其目的是增加料堆内通气性，以利于内外气体交换（图21）。

图17　第一次翻堆

图18　制作透气孔

图 19　翻堆机翻料

图 20　保温、保湿、发酵

图 21　透气发酵

②第二次翻堆　第二次翻堆方法同第一次翻堆。此次建料堆时，要将料堆变窄，即料堆宽度为1.5米，高度不变。此时，加入所须石灰粉，逐层撒在料面上（图 22）；建好料堆后，覆盖塑料薄膜，经过2天后，掀开料堆顶部部分塑料薄膜，同时卷起四周底部塑料薄膜，进行透气发酵（图 23）。

图 22　第二次翻堆

图23　发　酵

③第三次翻堆　此次为最后一次翻堆，须继续调节好水分和做好杀虫处理。此次建堆的宽度为1～2米，高度为0.8～1米，其目的是增加通气性，降低料堆内温度，培养大量的放线菌。将温度控制在50℃～60℃之间，排除废气，进行控温发酵。具体管理方法是：建堆后，在晴天揭去塑料薄膜，让料堆内氨气等废气排出，但在雨天须盖上塑料薄膜，防雨水淋湿培养料；或者在料堆顶部盖草帘防雨水淋湿培养料（图24）。经过3～4天后，即可终止发酵，进行铺料播种；或者进行二次发酵处理。发酵时间不能过长，否则培养料腐熟过度，养分损失大，通透性下降，将会影响蘑菇产量。同样也不能发酵时间过短，若培养料中出现"夹生料"后，会造成病害加重。若以麦秸或者玉米秸秆为主的培养料，须再进行一次堆积发酵，但第四次翻堆后的发酵管理方法，同第三次翻堆的方法。

图24　控温发酵

（4）利用一次发酵料栽培的发酵料质量标准

草秆呈咖啡色，一拉即断，并有弹性；含水量65%～70%，即用手握料可见水，或者有1～2滴水；pH值7.5～8；培养料疏松，不黏结成团，无臭味（图25）。

图25　一次发酵料的质量标准

四、栽培季节

播种季节是在9～12月份，因各地气温不同，须根据当地气候条件，确定最佳播种期。四川地区多在9月下旬至10月中旬播种；出菇季节为10月份至翌年4月份；根据各地气候不同，因地制宜，合理安排栽培季节，是获得优质高产的关键；尽量提早栽培，可增长出菇期，有利于提高产量。田间栽培是根据水稻收割季节来安排的，即水稻收割后，及时晒干稻草，然后，建堆发酵；同时开沟排水，晾晒栽培田块。

五、二次发酵栽培方法

（一）栽培设施与设备

1.菇房设施

双孢蘑菇二次发酵栽培菇房分为砖墙菇房和竹竿塑料薄膜菇房。其中竹竿塑料薄膜菇房制作简便，成本低。菇房面积以150～200平方米为宜，菇房长15～20米，宽10米，高3.6～4米。竹竿菇房制作方法是，用竹竿制作菇房屋架，菇房呈长方体，用无缝塑料薄膜覆盖，再用草帘覆盖，或者用遮阳网，在一侧中部开门（图26）。砖墙菇房同普通民房，只是须在菇房两侧和房顶开通风窗口。

图26　竹竿菇房

A.草盖菇房　B.遮阳网盖菇房

2.床架制作方法

用竹竿制作栽培床架，床架宽1.5米，床架上每层之间距离为0.6米，低层距地面0.2米，顶层距屋顶1米以上，共为5层，床架之间通道宽0.7~0.8米（图27）。在床架上放置钢丝网格或者塑料网格，或者用竹板制作（图28）。

图27　床架布局

图28　床　架

3. 蒸汽发生设备

二次发酵栽培双孢蘑菇须向菇房内通入蒸汽加热保温，因此，须在菇房外安装蒸汽发生器。蒸汽发生器可用蒸汽锅炉和简易蒸汽发生器，简易蒸汽发生器可用油桶制作。制作方法是：将3个油桶呈“品”字形排放在灶台上，下面2个油桶装水生产蒸汽，上面1个油桶装水向下面油桶内补水，在生产蒸汽的油桶上安装进水管和排气管或者用4个油桶并排放置在灶上，每个油桶上安装蒸汽排出管道（图29）。

图29　简易蒸汽设备

（二）二次发酵方法

二次发酵可在菇房内床架上发酵，或者利用专用二次发酵设施，即隧道式发酵设施内进行发酵。

1.菇房内床架上发酵

（1）进　料

前发酵培养料的质量标准为：草秆呈暗褐色，有弹性，紧握料有几滴水，稍黏，有氨气味。将前发酵的培养料铺放在床架上，并且只铺放在中间三层床架上，厚度自上而下递增，分别为30厘米、33厘米、36厘米。铺放培养料时，须将培养料抖松散，厚度均匀一致（图30）。还须在培养料内和空间安装温度计探头，以便观测温度变化情况。

图30　前发酵的培养料标准

（2）二次发酵方法

培养料铺放在床架上后，关闭门窗，让其自然升温，使培养料内温度上升到48℃～52℃，保温发酵1～2天。当料温开始下降时，向菇房内通入蒸汽进行巴氏消毒。即通入蒸汽使菇房内温度达到60℃，维持6～8小时后，停止通入蒸汽。然后，再将温度控制在48℃～52℃之间，继续培养3～5天，每天通风1～2次，每次几分钟，使培养料进一步腐熟。若培养料中还有氨气味，须继续升温培养，直到无氨气味为止。

2.隧道式二次发酵方法

隧道式二次发酵是利用专用的设施进行二次发酵，即利用风机向料堆内吹风来调节料堆内温度，以达到二次发酵的目的。利用这种发酵方法有利于集中发酵，实现工厂化生产培养料，供应生产者生产双孢蘑菇；同时，可减少对菇房的损坏，也有利于提高菇房的利用率。

(1)隧道式二次发酵设施

隧道式发酵室宽3.5米，高3.5～4米，长20米。载料地板是用混凝土预制板制作，并开有透气孔。安装时须与地面的距离为0.5米，呈20°的斜度，其他部位用砖墙制作，在一侧开门；一端安装风机，风机为高压风机，静压约13332帕（图31）。

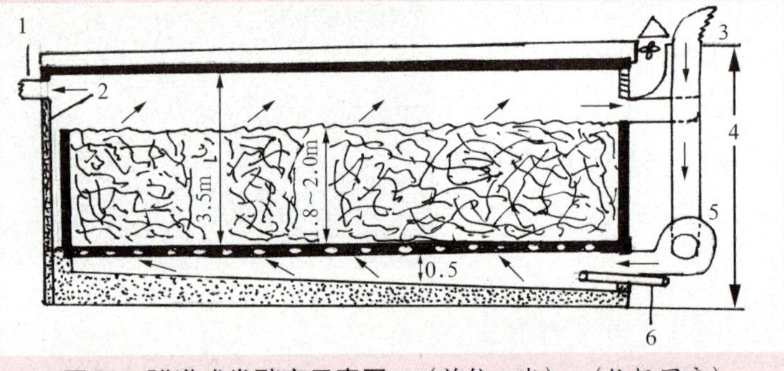

图31　隧道式发酵室示意图　（单位：米）　（仿杨国良）

1.气窗　2.门　3.过滤器　4.调节风门　5.风机　6.蒸汽管

(2)发酵方法

将前发酵的培养料抖松散后，用铲车把料运输到隧道式发酵室内，堆料厚度为1.8～2米，在料堆内和空间安放温度探头，以便观测和调节温度。然后，适当通风供氧气，让料堆内微生物繁殖产生热量升高温度，当温度上升到57℃～60℃，保持10小时，进行巴氏消毒；随后将温度逐渐降到50℃～45℃，维持5～6天，进行二次发酵。调节温度是通过内循环风门和外供入空气的多少来实现的。第七天后，关闭内循环风，只供新鲜空气，进行降温排氨，经过10小时后，料堆内温度下降到30℃以下时，即可进行播种。

（3）二次发酵培养料的标准

培养料为棕褐色，腐熟均匀，秸秆富有弹性，无臭味、异味、氨气味，具有浓郁的培养料香味，不黏手，可见白色放线菌菌落，紧握料有水汁，但不浑浊；含水量为65%～68%，pH值7.2～7.5，含氮大于2%（图32）。

图32　二次发酵的培养料

（三）栽培管理方法

1.接　种

（1）降温分料

二次发酵结束后，打开门窗，通风降温。当培养料内温度下降到30℃左右时，将培养料均匀分摊在各层床架上，翻料时要翻透并上下抖松培养料，并平整料面，使培养料厚度达到20～30厘米。若培养料偏干，应喷洒用冷开水调制的石灰水来补足水分；相反，培养料偏湿时，应加大通风量，降低水分。

（2）播　种

待培养料内温度下降到26℃时，即可播种。选择无病虫危害，没有老化，菌丝生长旺盛的优质麦粒菌种。将麦粒菌种均匀地撒在料面上，然后，轻翻料面，让部分麦粒菌种落入料内，再轻压平整料面，使麦粒菌种与料面充分接触好（图33）。关闭门窗，保温、保湿培养发菌。

图33　播　种

2.培养发菌

播种后2～3天内，要关闭门窗保湿，促使菌种萌发生长。3天后，菌种已开始萌发并吃料生长时，适当加大通风量，增加新鲜空气；经过7～10天，当菌丝已生长布满料面后（图34），逐渐加大通风量，降低料面水分，并将菇房内空气相对湿度控制在80%左右，促使菌丝向料内生

图34　菌种萌发生长

长。一般接种18～20天，菌丝可长到料底部（图35）。

图35　菌丝长满培养料

3.覆盖土壤

(1) 土壤准备

选择前茬没有生产过食用菌的田地，取耕作层以下的土壤，土壤要求保水性和通透性好的壤土，将土壤打碎成细颗粒，土粒直径1～1.5厘米（图36），并在土壤中加入1%～1.5%的石灰粉拌匀，调节pH值至7.5左右。或者，使用泥炭土覆盖，泥炭土具有较好的保水性能和通透性，是最理想的覆土材料，在欧美国家普遍使用。

图36　土壤准备

(2) 覆盖土壤

当菌丝长满料层，并从底部可见到菌丝时，即可覆盖土壤（图37）。不宜推迟覆土，否则会推迟出菇，降低产量。覆土方法是：将2/3粗土粒盖在料面上，厚度为2.5～3厘米，再覆盖细土粒，厚度为0.8～1厘米，使覆盖土壤的总厚度达到3.5～4厘米（图38）。

图37　覆盖土壤时间

图38　覆盖土壤

（3）覆土后管理

覆盖土壤后的3天内，保持菇房内空气相对湿度在90%左右，即保持使土壤呈湿润状态。之后，适当加大通风量，促使菌丝向土壤中生长（图39）。若土壤含水量较高，湿度大时，应加大通风量，降低湿度，防止菌丝徒长，大量出现在土表。

图39　菌丝生长入土中

4.出菇管理

(1)诱导出菇

覆土12天后，在土粒间可见菌丝时，及时诱导出菇（图40）。通过喷水来促使菌丝扭结形成原基，喷水量以土层湿透而不漏入培养料内为宜，同时加大通风量。当形成黄豆粒大小的菇蕾后（图41），及时喷出菇水，保持土壤呈湿润状态，满足子实体生长的水分和湿度。

图40　子实体形成

图41　子实体生长发育

(2)子实体生长发育管理

双孢蘑菇栽培是在秋季播种，在秋、冬、春为出菇期，即在10月份至翌年的4月份出菇。由于各个季节温度和生长期不同，因此，出菇管理方法也不同。

①秋季出菇管理　秋季是首次出菇，当子实体形成后，将菇房内温度控制在14℃～18℃之间。温度低于10℃时，

须做好保温管理；温度高于20℃时，打开门窗，加强通风管理，降低温度。将菇房内空气相对湿度控制在90%左右，通过喷水来调节湿度，始终保持土壤呈湿润状态。喷水量应根据出菇量和气候来定，喷水要做到轻喷勤喷，菇多多喷，菇少少喷，晴天多喷，阴雨天少喷，忌喷关门水，忌在高温期间和采菇时喷水。正确处理好喷水、通风和温度三者之间的关系，是提高产量和质量的关键（图42）。当子实体菌盖直径达到2～5厘米，菌膜未破裂时采收（图43）。温度高于20℃时，采收要及时，每天采收2～3次，才能保证产品质量。采收时，准备装菇和菇脚的筐，边采收边截去菇脚，不同大小的菇，分别装筐。采收后，修补土层，喷水补足水分，诱导下一潮菇生长。

图42　子实体生长状况

图43　适收的菇

②冬季管理　冬季气温低于10℃时，不出菇。此期间应做好通风，保温，松土、除老根和适当调节水分管理。每周喷水1～2次，保持土壤呈湿润状态，不变白；在晴天中午通风，保持菇房内空气新鲜。在冬季后期，为了让土层内

菌丝恢复生长，应对土层进行一次松动，除去失去再生能力的老根。然后，补充水分，每天喷水1～2次，在2～3天内喷水量为3升/平方米左右，同时进行通风换气，使断裂的菌丝重新萌发生长。

③春季出菇管理　当气温回升并稳定在10℃以上时，开始进入出菇管理，春菇生长期间为3～5月份。在3月初开始补水，用5%石灰调制的石灰水来喷洒，用水量为5～9升/平方米。首先喷水补充培养料和土壤中水分，使土壤含水量达到19%～20%，即手捏土能扁，搓得圆，不黏手为度（图44）。若土壤和培养料较干时，应重喷一次水，喷水要淋透培养料。然后，做好保温保湿管理，诱导子实体生长。当子实体生长出来后，喷水以提高环境中湿度为主，使空气相对湿度达到90%～95%。同时，要适当通风，既要菇房内空气新鲜，又要菌床不干燥。春菇管理得好，方可获得高产（图45）。因春季气温变化大，并逐渐升高，易出现薄皮菇和开伞菇。因此，春菇采收要及时，才能保证产品质量。

图44　适宜土壤含水量

图45　春菇生长状况

六、草帘覆盖栽培方法

利用草帘直接覆盖在菌床上的栽培管理方法，是双孢蘑菇田间栽培的有效方法之一，是四川省大面积应用的一种田间栽培模式。这种栽培方式具有成本低、操作方便等优点。每0.667公顷（1亩）可生产鲜菇2 000～3 000千克，高的可达4 000千克以上。

（一）草帘制作

草帘是用稻草制作的，稻草要求干燥、新鲜、没有霉变。用5～6根竹板编夹着稻草的一端而成（图46）。草帘厚为2～3厘米，即以不透光为宜，长度为1.5米左右，不宜过长，否则拿取不方便（图47）。制作好的草帘最好在阳光下暴晒1～2天，或在草帘上喷洒杀菌剂杀灭草帘上的病原菌，防止将来传染双孢蘑菇子实体而感病，同时还可防止草帘腐朽，延长使用寿命。在播种之前须准备好草帘。

图46　制作草帘

图47　草帘形状

（二）栽培场地选择

田间栽培双孢蘑菇的地点，须选择远离工矿区和公路、铁路干线，避开污染源的影响。栽培场地以水稻田为好，不宜在种植过花生、蔬菜、生姜等耕地中栽培，否则将来易出现病害。此外，也不能使用上一茬种植过双孢蘑菇、姬松茸和鸡腿菇等覆土栽培食用菌的场地，否则也会出现病虫危害。在同一块水稻田中种植双孢蘑菇后，至少间隔一年后才能种植双孢蘑菇。正确选择种植双孢蘑菇的田块，是控制病虫危害的关键。栽培田间不能施用农药如除草剂和对双孢蘑菇菌丝生长有抑制作用的杀菌剂，否则双孢蘑菇菌丝不能在土壤中生长。

（三）开　畦

收割水稻后，及时开沟排水晒田，使土壤含水量达到以手捏能扁又不黏手为宜，即人踩不下陷为止。将稻田翻耕打碎整平后开畦，或者直接在稻田中开畦。畦宽80～100厘米，人行道宽60厘米，长度因地势而异。先用干石灰粉在地面上画线开畦（图48）。畦即为铺料播种的菌床，畦不宜过宽，因田间栽培的双孢蘑菇多在菌床边缘出菇，较窄的畦，有利于提高产量，同时有利于草帘完全覆盖菌床。

图48　开　畦

（四）进料降温排氨

将发酵好的培养料按铺料厚度，均匀地堆放在畦上，让培养料内温度下降到30℃以下，同时使培养料内氨气完全散发掉。遇到下雨时，须在培养料上覆盖塑料薄膜防雨淋，晴天则要盖上草帘，防止培养料中水分蒸发干燥（图49）。

图49　降温、排氨

（五）播　种

播种方法因菌种基质不同而异，麦粒菌种应采取撒播，发酵料菌种的播种方法分为层播法和穴播2种。

1. 播种时间

播种时宜在阴天进行，晴天应在早晨和傍晚进行，中午太阳光强时不宜播种，否则菌种和培养料会失水干燥，影响菌种萌发生长。雨天不能播种，以免雨水淋湿培养料。

2. 培养料整理

在田间畦内堆放培养料2～3天后，并且料内温度已下降到30℃以下，培养料中无氨气味时，方可播种。首先将培养料抖松散，干湿混匀，铺平整，使培养料厚度到20～25厘米，最厚不得超过30厘米，薄不低于15厘米。培养料须疏松地铺在畦上，不压紧培养料，否则会降低通透性（图50）。

图50　整理培养料

3. 菌种准备

发酵料菌种的用种量为每平方米2袋；菌种要求无杂菌，没有萎缩和吐黄水，菌丝生长旺盛（图51）。麦粒菌种的用种量为每平方米1瓶，即每0.667公顷用麦粒种400瓶（750毫升）；要求菌丝浓白，没有萎缩和有黄水出现，无害虫和杂菌（图52）。

图51　发酵料菌种

图52　麦粒菌种

A.外观麦粒菌种质量标准　B.挖出的麦粒菌种质量标准

4.播　种

发酵料菌种播种方式分为层播法和穴播法，多采用层播法，层播时共播种二层。将菌种分成块状，大小如鸡蛋大，不能分成细颗粒或粉末状，否则会降低菌种萌发率。取2/3菌种均匀地分放在料面上，播完第一层菌种，从邻近料堆上取1/3培养料覆盖在菌种上，然后再在料面上播上余下的1/3菌种（图53）。用麦粒菌种播种时，将麦粒种直接撒在料面上，要求菌种分布均匀（图54）。一般播种后，立即覆盖土壤。若土壤水分含量较高，无法进行覆盖土壤时，或者培养料含水量过高，播种后，在料面上覆盖塑料薄膜和草帘保温、保湿，让菌种萌发生长，3天后，每天揭开塑料薄膜和草帘通风换气一次，7天后，方可覆盖土壤。

图53　发酵料菌种的播种方法

图54　麦粒菌种的播种方法

（六）覆土管理

1. 覆盖土壤

一般播种后，立即覆盖土壤，这样可避免培养料水分散发，提高菌种萌发率，还可提早出菇。覆盖用土是取畦间地上土壤来覆盖。免耕田内栽培的，先将3～5厘米厚的表层土铲取放在菌床边，再将下层土挖松打碎呈细土粒，土粒大小如鸽蛋，土粒不宜过大，否则将来在土内出菇，易长成畸形菇。土壤含水量以手捏能扁，并可搓成圆形而不黏手为宜。土壤含水量低时，须洒水调节土壤含水量至适宜时再取土覆盖。覆土方法是，直接将土粒铲取盖在培养料上，覆土厚薄要均匀一致，厚度为3.5～4厘米，须将培养料完全覆盖完（图55）。取畦间土壤覆盖后自然形成排水沟，同时在四周开好排水沟，避免菌床内进水（图56）。

图55　覆盖土壤

图56　覆盖土壤后的菌床

2.覆土后的管理

覆盖土壤后，立即盖上草帘，并用2扇草帘并排覆盖，将菌床完全盖着并且草帘要比菌床稍宽。在雨天和晚上须在草帘上覆盖塑料薄膜，防止雨水进入菌床，进行保温保湿管理，让菌种萌发吃料生长（图57）。10天以后，在晴天，须揭去塑料薄膜，增加通透性，降低土壤水分，促使菌丝向料内生长（图58），抑制菌丝在土表大量生长。但在雨天要盖好塑料薄膜，防止雨水淋湿菌床，培养料含水量增高，菌丝吃料生长不良，甚至菌种死亡（图59）。覆土15天后，若土壤偏干，呈灰白色时，则要喷水补充水分，一次性喷水量不宜过多，要做到少喷勤喷，以水刚好湿透土层而没有到达料层为止，切勿将水淋透到培养料内。通过调湿土壤来促使菌丝体向土层内生长，为出菇做好准备。

图57　覆盖草帘

图58　菌丝向培养料内生长

图 59　草帘上覆盖塑料薄膜防雨淋

（七）出菇管理

1.秋季出菇管理

从10月份至翌年1月份出的菇，生产上称为秋菇。一般在播种覆土20天后，当菌丝体向土层中生长，并且生长到达距土表约1厘米，菌丝由绒毛状变为索状，并且有少量的蘑菇子实体出现时，就要及时诱导出菇（图60）。诱导出菇要准确及时，过早诱导出菇，结菇部位低，多为地雷菇；过晚诱导出菇，菌丝长到土表，造成结菇部位高，长出的菇小而密，并且多为薄皮菇。

图 60　诱导出菇时间

(1) 水分管理

诱导出菇和子实体生长发育期间的管理，主要是以水分管理为主。水分管理主要做好以下几个环节的用水：用水应为清洁的井水、河水等，不能用污染的水。

①结菇水管理　所谓结菇水是指促使菌丝体扭结形成原基时的用水。即在覆土20天后，气温已下降到20℃以下，菌丝体已生长到距土表约1厘米，及时喷洒一次重水；喷水时，用洒水壶喷水，喷水时移动速度要快，来回2～3次补足水分（图61）。喷水时要做到少喷勤喷，以水刚好湿透土层为好，使土壤的含水量达到手捏能扁，并可搓成圆形又不黏手为宜。切勿用水过重，造成培养料内积水，菌丝体萎缩死亡而不结菇。连续喷水1～2天后，再经过4～5天，方可促使菌丝体扭结形成白色颗粒原基（图62）。土壤含水量适宜时，则不喷水。喷水后，在菌床上只盖草帘，以增加菌床的通气性（图63）；下雨时和晚上再盖上塑料薄膜防雨淋（图64）。

图61　喷结菇水

图62　原基形成

图 63　覆盖草帘出菇

图 64　草帘上覆盖塑料薄膜防雨淋

②出菇水　又叫维持水，是指从原基形成到子实体分化发育期间的用水。此次用水是为了补充土壤水分，增加菌床上湿度，防止原基失水而死亡。喷水量要根据土壤含水量和天气情况来定，当土壤干燥呈灰白色时，须及时喷水调湿土壤，喷水要做到少喷勤喷，切勿一次性喷水过多，否则幼菇会死亡。土壤含水量适宜时，则不喷水，始终保持土壤呈湿润状态。每天采菇时，适当补充水分，维持土壤中水分。此期间也只盖草帘，但在晚上和雨天须在草帘上盖塑料薄膜。在水分适宜的条件下，子实体圆整，表面光滑，菇体洁白（图 65）。

③转潮水　当一潮菇即将结束时所喷的水。此次喷水要稍多，促使菌丝体再次扭结形成原基。喷水方法同结菇

水，也要根据土壤的含水量来灵活掌握。

图65　子实体生长

（2）子实体生长发育期间的草帘和塑料薄膜覆盖管理方法

田间草帘覆盖栽培方法，是利用草帘的覆盖和在草帘上的揭盖塑料薄膜来调节温度、湿度、空气和光照等，满足子实体生长的生态条件。从播种到出菇结束之前，菌床上始终覆盖草帘，利用草帘来调温、保湿和遮光管理，塑料薄膜只是用于防雨和保温，在晴天和阴天，在菌床上只盖草帘，不盖塑料薄膜，以利于通风换气（图66）；雨天，须在草帘上覆盖塑料薄膜，防止雨水淋湿菌床，避免土壤和培养料中含水量增加，引起菌丝体萎缩和幼菇死亡（图67）。采菇时将菌床上草帘揭去放在另一菌床上（图68），使菌床上空气新鲜。采完菇后立即盖上草帘，防止菌床上土壤和幼菇蕾失水干燥。间隔3～4天，要将草帘翻一面盖在菌床上，让阳光晒干受潮的草

图66　晴天覆盖草帘出菇

帘，避免草帘上生长霉菌，传染双孢蘑菇子实体而出现病害。通过不间断地调换草帘面，对防止菇体上病害尤为重要。草帘要完全覆盖着菌床，防止菇蕾裸露，受到阳光照晒，引起菇体表面变为红色，以及失水干燥，菇体表面起鳞片，从而降低产品质量。

图 67　雨天覆盖塑料薄膜

图 68　揭草帘采菇

2. 越冬管理

当气温下降到10℃以下时，即在1～2月份就很少有菇长出。此期间要做好越冬管理，主要做好保温管理，即在草帘上覆盖塑料薄膜（图69）。但须间隔2～3天采收一次菇，避免菇体长大成熟后腐烂，招致病虫危害。

图69　越冬管理

3.春菇管理

春季气温回升到12℃以上，即在3～4月份出的菇叫春菇。由于春季气温逐渐上升，出菇期短，气温上升到20℃以上时，会降低产品质量。此期间要加强诱导出菇管理，在短时间内多出菇。主要是通过加强水分管理来增加出菇量。由于到了春季培养料中长满了菌丝体，培养料变为白色，较干燥，并且耐水能力强，因此，在水分管理上要比秋菇粗放。补充水分的方法：一是用洒水壶洒水，淋湿透土壤，并让部分水进入培养料；二是能自流灌溉的，在厢沟内淹水，当沟内出现积水，并且还未到达料层时，及时排水，通过培养料下层土壤潮湿来补充培养料内水分（图70）。同时在菌床上洒水，调湿土壤（图71）；三是在小雨天揭去塑料薄膜，让雨水淋湿草帘和土壤来补充水分。春菇的用水量

图70　沟内灌水

要比秋菇大，通过加大结菇水和转潮水的用量来增加出菇量。此外，还可结合喷水时，补充营养，如酵母粉、黄豆豆浆等增产剂，对提高蘑菇的产量和质量有较好的作用。出菇期间，仍然盖好草帘（图 72），雨天则要在草帘上覆盖塑料薄膜。

图 71　菌床上浇水

图 72　覆盖草帘出菇

此外，由于经过秋季和冬季出菇后，培养料中养分消耗较大，长出的菇个体小，盖薄易破膜开伞，因此采菇要及时，避免长成薄皮菇和开伞菇。气温达到 20℃以上时，每天须采收二次。

（八）采收标准和方法

1.采收标准

适时采收是提高产品质量的关键。当双孢蘑菇子实体菌盖直径达到2～5厘米，并且菌膜尚未破裂时，及时采收（图73）。推迟采收，菌盖直径超过5厘米，以及破膜后，其质量下降，完全成熟后就失去了商品价值。

图73　适收的蘑菇

2.采收方法

将草帘揭开放在邻近菌床上，边揭草帘边采菇，采菇结束后，立即盖上草帘。采菇方法是：采大留小，采收丛生菇时，用刀切割下大菇，留下小菇继续生长。秋、冬季节出的菇则要轻轻旋转摘下，春季出的菇则要采取直接拔取的方法摘菇。边摘菇，边用锋利小刀切去菌柄基部，使菌柄长度不超过1厘米，要求切口不破裂，平整，不带泥脚（图74）。将菇脚装入筐内，远离田间倒掉。不能堆放蘑菇栽培田间，以免菇脚腐烂后招致病虫害。采收的菇装入内壁光滑的筐内，或在筐内放1层塑料薄膜后再装菇，须轻拿轻放，防止菇体碰伤，降低产品的质量（图75）。

图74　采收方法

图75　采收的蘑菇

七、塑料薄膜中棚栽培方法

田间搭建塑料薄膜中棚栽培双孢蘑菇，是一种有效的栽培方法，采收方便，菇体上没有草秸等杂质污染。在四川已大面积推广应用。

（一）田间选择与搭建塑料薄膜中棚

1.田间选择及准备

栽培双孢蘑菇的田间要求上一茬没有种植过双孢蘑菇、姬松茸等食用菌的场地，否则病虫危害严重。地势较平坦，排水顺畅，不积水，并且离水源近。远离工矿区、垃圾场和公路主干道。土壤以壤土为好。当水稻收割完后，立即开沟排水，使田间土壤干燥，以干燥至人站立不下陷为止。

2.搭建塑料中棚

在播种之前，即在最后一次翻堆时，搭建好塑料薄膜中棚。一般棚宽5米，高1.8米，长度20～25米。用竹竿制作棚架，棚架中部高为1.8米，在地面间隔0.5米插入1根竹竿，将竹竿弯曲成弧形，制作成拱形棚架（图76），或者制

图76　弧形塑料薄膜中棚

作成屋脊式棚架（图77），棚架要求牢固结实，抗风吹雨淋。最后在棚架上盖上黑色塑料薄膜，在棚的两侧间隔40～50厘米，用土块压实塑料薄膜，再在塑料薄膜棚上放上绳子，将绳子的两端固定在地面木桩上，防止大风掀开塑料薄膜。在棚的两端用草帘遮挡，这样既有利于通风透气，又遮光、保湿。在一端中部开1个高为1.5米，宽为1米的门。最后在棚的四周开好排水沟，间隔1米，再建另1个塑料薄膜中棚。

图77 屋脊式塑料薄膜中棚

3.开 畦

在棚中部开1条0.6米宽的沟，在两侧横向开畦，畦宽为0.8～1米，畦与畦之间宽为0.6米，用作人行道和取土覆盖之用；或者以棚走向开畦，中部畦宽1.2米，靠棚两侧的畦宽0.6米，畦与畦之间相距0.6米（图78）。

图78 开 畦

（二）进料降温排氨

将堆制发酵好的培养料搬入棚内，堆放在畦上，打开两端塑料薄膜进行通风散热降温，将温度降至30℃以下，同时排除料内氨气，直到料内无氨气味时才能播种。堆放1～2天，氨气即可排完（图79）。培养料偏干的，应适当喷洒石灰水来补充水分。

图79　降温、排氨

（三）播　种

1.播　种

将培养料抖松散，并且干湿混匀后，平整地铺在畦上，使培养料的厚度达到20～25厘米。然后将麦粒菌种均匀地撒在培养料表面（图80）。最后轻轻拍平料面，再在料面上覆

图80　播　种

盖旧报纸（图81），经过7天，待菌丝生长进入培养料后，再覆盖土壤。或者立即覆盖土壤。

图81　覆盖报纸

2.播种后的管理

一般是播种后立即覆土。若培养料偏干，气温高，空气干燥时，宜采取播种后立即覆盖土壤。如果土壤偏湿，培养料含水量较高时，应在播种后第七天覆土，这样便于检查菌种萌发生长状况，同时还可及时补种。播种后主要做好调温和保湿管理，创造菌种萌发生长最佳环境条件。保持温度在22℃～25℃之内，具体管理办法是：在塑料薄膜棚的两端用草帘遮挡，减少通风量。播种后，没有及时覆盖土壤的，为了防止菌种失水干燥，须覆盖旧报纸，并在报纸上喷水打湿报纸，利用湿报纸来保湿，保湿用水为0.5%的石灰水。播种1～2天后，菌种开始萌发生长（图82），此时若发现菌种没有萌发生长，应及时补种。播种4天以后，要停止在报纸上喷水保湿，或者揭去报纸，让表层培养料失水干燥，促使菌丝向料下层生长（图83）。

图82　菌种萌发生长

图 83　揭去报纸促使菌丝向培养料内生长

（四）覆土管理

1. 覆土方法

覆盖用土是取人行道上土来覆盖，先将 3～5 厘米厚的表土铲取放在菌床边做厢埂，然后，将下层土挖松打碎成细颗粒，细如花生粒，大如核桃，边挖边打碎，边覆盖在料面上，粗粒土放在下层，细粒土盖在表面。覆土厚度为 3.5～4厘米，且厚薄均匀（图84）。覆盖用土含水量要求达到20%～22%，即用手捏土能扁并可搓成圆形，但又黏手为宜。土壤偏干时，须加水调湿后，再用来覆盖。

图 84　均匀覆盖土壤

2. 覆土后的管理

覆土后的管理主要是保温和调湿管理，让菌丝继续向料内生长，同时也向土壤中生长，为出菇做好准备。此期间要关闭塑料薄膜棚，防止土壤失水干燥（图85），但也要适当通风换气，防止土壤湿度过大，造成菌丝体大量生长在土表层，根据覆土层的含水量和棚内湿度灵活进行通风管理。

图85 保温、保湿、发菌

（五）出菇管理

1. 秋菇管理

从开始出菇至翌年1月之间出的菇叫秋菇。秋菇产量高，质量好，并且价格也较高，因此，抓好秋菇管理是关键。首先喷水调节土壤呈湿润状态，达到以手捏土能扁并可搓成圆形，又不黏手为宜。喷水时须注意一次性喷水不可过多，以刚好湿透覆土层而没有进入培养料为宜。须做到少喷勤喷，用洒水壶或者喷雾器喷水，做到少量多次补水。喷水时间掌握在菌丝生长到达距土表约1厘米进行，利用水来促使菌丝体在土层中扭结形成原基。当子实体形成后，并且长到有豌豆粒大时，再喷水，即出菇水，以满足蘑菇子实体生长发育所需水分。在出菇期间，也要保持土壤呈湿润状态，才能满足子实体所需水分，又利于增加产量，子实体生长才健壮（图86）。每采收完一潮菇，或接近落潮后，重喷一次水，即转潮水，促使下一潮菇长出。每次喷水都要用洒水壶或喷雾器喷水，不能喷水过多。

图86　子实体形成

2.越冬管理

在冬季温度下降到10℃以下时，子实体发生量少，须做好保温管理，为春菇生长做好准备。此期间要关闭塑料棚，即在通风口上盖上塑料薄膜（图87），减少通风量，利用阳光照晒升温和保温，每间隔2～3天采收一次菇，并通风换气，补充水分。

图87　越冬管理

3. 春菇管理

3月份以后，气温逐渐回升，当温度上升到12℃以上时，便进入春菇管理。由于气温回升快，因此，要加强出菇管理，在短时间内多出菇。主要管理方法是：加大喷水量，此期间的水分管理可粗放，第一次喷水要稍多，除了浇湿土壤外，还要补充培养料中水分，有条件的可在厢沟内灌水，使下层土壤湿润。温度高时，要将两端塑料薄膜揭开，进行通风降温，将温度控制在24℃以内。子实体生长期间，做好保湿和通风降温管理，空气相对湿度保持90%～95%之内（图88）。气温高于18℃时，子实体生长快，易破膜开伞，每天须采收2～3次，才能保证产品质量。

图88　春菇生长

（六）采收方法

当子实体菌盖直径达到2～5厘米，菌膜尚未破裂时采收。若使用的是“浙农1号”品种，采收的菇体要小，即菌盖直径达到2～3厘米时就要采收，否则会破膜开伞；栽培用菌种为“AS2796”品种的，因该品种的子实体菇体大，并且不易破膜开伞，可在菌盖直径达到3～5厘米时采收（图89）。采收方法同草帘覆盖栽培方法。每次采收后，补充水分，使土壤呈湿润状态。

图89 适采的蘑菇

八、塑料薄膜小拱棚栽培方法

在菌床上搭建塑料薄膜小拱棚栽培双孢蘑菇，也是一种有效的田间栽培方法。利用塑料薄膜小拱棚覆盖栽培，具有易保温保湿，建造简便等优点，在生产上也大面积应用。

（一）开　畦

田间栽培以水稻田为好，水稻收割后立即开沟排水晒田，干燥至无积水，站立不下陷，取土能捏扁，并能搓成圆形为宜。按畦宽120厘米，沟宽60厘米规格画线开畦。在免耕田块上直接栽培，或者翻耕打碎整平地面后再开畦栽培。

（二）进料降温排氨

发酵腐熟的培养料撤堆后，根据每畦用料量，将培养料移到畦面上（图90），使培养料内温度下降到30℃以下，同时排除氨气。直到氨气被完全排除后，才能播种，否则会抑制菌种萌发生长，一般堆放1～2天。培养料中氨气味较浓的，可用明矾液或过磷酸钙液来消除氨气。在散热排氨气期间，晴天，太阳光强时，须在培养料上盖上草帘，防止培养料失水干燥，但在晴天晚上须揭开覆盖物散热排氨气。雨天，

图90　降温、排氨

则要在培养料上盖塑料薄膜，防止雨水淋湿培养料。

（三）播　种

当培养料中氨气被完全排除后，并且温度下降到30℃以下时，即可播种。首先将培养料抖松散、干湿混匀，并铺平整，使培养料厚度达到20～25厘米。麦粒菌种的用种量为每平方米1～1.2瓶。麦粒菌种的播种方法是：将钩出的菌种分成单个麦粒，均匀地撒在料面上（图91）。

图91　播　种

（四）覆土方法

播种后可立即覆盖土壤。首先将畦沟内土壤挖松打碎成细颗粒状，边打碎土壤，边覆盖，覆土厚度为3.5～4厘米，要求厚薄均匀，并且完全覆盖着培养料（图92）。

图92　覆盖土壤

（五）塑料薄膜小拱棚制作

塑料薄膜小拱棚有两种类型，一种为“弓”形拱棚即顶部弧形；另一种为“人”字形塑料薄膜小拱棚。

1.弧形塑料薄膜小拱棚

用竹板或细竹竿制作棚架，在菌床边缘插上竹板或细竹竿，弯曲成弓形，相距40～50厘米插1根，顶部距床面40～50厘米，然后覆盖黑色塑料薄膜（图93）。

图93 弧形塑料薄膜小拱棚

2.“人”字形塑料薄膜小拱棚

“人”字形塑料薄膜小拱棚便于在塑料薄膜棚上覆盖草帘，防止阳光直晒和在冬季有利于保温。其做法是：在菌床中部立1根高50厘米的竹竿，相距1～1.5米立1根，在顶部放上1根竹竿，固定在立柱上。再取竹竿斜放在横竿上，相距50厘米1根。最后，盖上黑色塑料薄膜，相隔40～50厘米用土块压着两侧塑料薄膜（图94）。

图94 "人"字形塑料薄膜小拱棚

（六）发菌管理

播种覆土后15天内为菌种萌发生长并向料层内生长阶段。此阶段主要做好温度和水分管理。其做法是：将塑料棚两端敞开（图95）或者用草帘遮挡(图96)，两侧的塑料薄膜间隔40～50厘米用土块压

图95 敞开两端塑料薄膜

图96 草帘遮挡塑料薄膜棚的两端

着。为了防止阳光照晒使棚内温度升高，最好在塑料薄膜棚上盖草帘来防晒（图97）。增加棚内通风量的目的是：防止棚内出现高温，抑制双孢蘑菇菌种萌发生长，同时让覆土层土壤水分适当减少，促使菌丝向料层内生长，抑制菌丝向土表层生长（图98）。

图97　棚上覆盖草帘

图98　菌种在料内生长

（七）出菇管理

1.诱导出菇

由于覆土层表面含水量减少，菌丝在土壤中生长不良，不利于菌丝体扭结形成原基。因此，须补充水分，促使菌丝体向土层中生长。在覆土15天后，须喷水提高土壤含水量，每平方米用水20升左右，并在2天内分4～6次喷完，用洒水壶喷水，做到少喷勤喷，切勿一次喷水过多，一旦水渗透入料内，会造成菌丝体萎缩死亡而不出菇。喷水以刚湿透覆土层为宜，使土壤呈湿润状态，即用手捏土能扁，并可搓成圆形但不黏手为宜。喷水后关闭塑料薄膜棚（图99）。当菌丝体生长距土表层约1厘米时，适当地进行通风换气，即每天揭开两端塑料薄膜通风10～20分钟，防止菌丝长到土表，促使菌丝体在土中扭结形成原基。

图99 保温、保湿管理

2.子实体生长发育期间的管理

子实体形成初期为球状，长到豌豆粒大小时，须喷水提高土层水分来增加棚内湿度，使棚内空气相对湿度达到90%～95%，以满足子实体生长发育所需水分。保持温度在12℃～20℃之间，晴天太阳光强时，须揭开两端塑料薄膜通风散热，防止棚内出现25℃以上高温，引起幼菇死亡。此外，在子实体生长期间要关闭好塑料薄膜，使棚内处于黑暗环境或弱光照，但须每天揭开两端塑料薄膜通风，或者用草帘遮挡塑料棚的两端，这样既能通风透气，又可遮光。只有在光线暗的环境条件下，长出的子实体才洁白光滑（图 100）。

图 100　子实体生长状况

每潮菇采收即将结束后，即时重喷一次水，诱导下一潮菇长出。随着采收潮次增加逐渐加大用水量。

在冬季气温低于 10℃时，此时出菇量减少，则要关闭好塑料薄膜棚进行保温、保湿管理。到了春季气温升到12℃以上时，再及时喷水诱导出菇，此时用水量要稍大，并且可粗放地进行用水管理，可将水淋入培养料内。

九、熟料制袋栽培方法

（一）菌袋制作

1. 培养料制作与配方

采用熟料袋栽双孢蘑菇的培养料除用前面介绍的培养料配方和制作方法外，还可利用棉籽壳菌渣来生产，其中以金针菇、杏鲍菇、白灵菇和茶树菇等食用菌的菌渣为好。常用的培养料配方见表 5。

表 5　常用培养料配方

配　方	成　分
配方 1	棉籽壳菌渣 55%，干牛粪 30%，米糠或麸皮 10%，石膏 1%，过磷酸钙 2%，石灰 2%
配方 2	棉籽壳菌渣 70%，稻草节 10%，菜籽饼粉 5%，米糠或麸皮 10%，石膏 1%，过磷酸钙 2%，石灰 2%
配方 3	腐熟棉籽壳或腐熟农作物秸秆 80%，菜籽饼粉或豆饼粉 5%，米糠或麸皮 10%，石膏 1%，过磷酸钙 2%，石灰 2%

其他培养料配方可使用前面介绍的培养料配方，经一次发酵腐熟的培养料，消除氨气味后，直接使用。

2. 装袋、灭菌、接种和培养发菌

装袋、灭菌、接种和培养发菌方法同平菇等熟料袋栽食用菌。由于双孢蘑菇菌丝不覆盖土壤是不出菇的，因此，

可提前一个月生产菌袋，待菌丝长满袋后，适宜出菇季节时，再进行脱袋覆盖土壤进行出菇管理（图101）。

图101　培养的菌袋

（二）出菇管理

1.栽培场地选择

栽培场所可利用普通民房和黑色塑料薄膜棚（图102）。菇房要求易调节温度，保湿效果良好，遮光，能通风换气。

图102　塑料薄膜中棚

在田间栽培出菇时，要选择上一茬没有生产过食用菌的田块，要求不积水，地势较平坦。

2.脱袋覆土

在地面上开畦，畦宽1.2米，深0.1～0.2米，长度因地势而定，畦与畦之间相距0.6米。将菌袋上塑料薄膜去掉，菌筒直立，或者横卧排放在畦内（图103）。然后，覆盖细粒湿润土壤，覆土厚度为3.5～4厘米（图104）。在前10天要关闭门窗，保持土壤的水分，让菌丝生长进入土壤。此后，适当通风，降低土壤表面水分，防止因湿度过大，菌丝徒长。

图103　排放菌筒

图104　覆盖土壤

3. 出菇管理

当菌丝生长到土层并距土表1厘米时，及时喷洒结菇水，使土壤湿润，含水量达到20%左右，同时加强通风换气，诱导菌丝扭结形成原基。当子实体形成后，喷水增加环境中湿度，使空气相对湿度达到90%左右，同时保持土壤呈湿润状态；遮光，使菇房黑暗；并适当通风换气，保持菇房内空气新鲜，为子实体生长创造良好的环境条件，促使子实体生长健壮（图105）。

图105 子实体生长状况

4. 采收与采后管理

熟料袋栽的双孢蘑菇往往长成丛生菇（图106），当大部分子实体的菌盖直径达到4～5厘米，并且菌膜尚未破裂时采收（图107），采收方法是：采大留小，用刀割下适收的菇，留下小菇继续生长，或者将整丛菇摘下。边采菇边用刀平切下带泥沙的菇脚，装入筐内。采收后，修补菇脚坑，喷水补充水分，为下一潮菇生长做好准备。采用熟料栽培双孢蘑菇，出菇集中，且丛生菇多，产量高，产量可达到20～25千克／平方米。

图 106　丛生的菇

图 107　适收的菇

十、产品贮运与加工

（一）鲜菇贮运与销售

1. 收购标准

市售鲜菇质量标准为：菌盖直径2～4厘米，菌柄长1厘米以内，菌盖圆整，未破膜，菌柄基部无泥脚（图108）。当天采收的鲜菇要及时销售，不能放置时间过长，否则会发生褐变，从而降低质量。

图108　销售的蘑菇

2. 清洗去杂漂白

由于采收的鲜菇上附着有泥沙和其他杂质，并且菇体不洁白，须经清洗去掉杂质，菇体呈洁白色，才具有较好的商品价值。其做法是：将当日采收的鲜菇倒入含有0.1%焦

亚硫酸钠水中，用拖布搅动去掉菇体上杂质，并使菇体变为洁白色（图109）。然后捞出，立即用清水冲洗，去掉菇体上残留的焦亚硫酸钠。

图109　清洗去杂

3. 包　装

用竹筐装菇运输时，先在竹筐内铺放一层纸，再将沥干水的菇体装入筐内，再在上面盖上纸后，封盖好竹筐，每筐装菇量为25千克（图110）。如果是销售到寒冷地区，为了防止菇体被冻伤，应使用泡沫箱装菇，将沥干水的鲜菇装入白色泡沫箱内，用不干胶布封严箱盖，每箱装菇20千克（图111）。

图110　装　菇

图 111　泡沫箱装菇

（二）盐渍加工

1. 盐渍加工设施及设备

（1）清洗池

清洗池是用来清洗鲜菇表面杂质，并将菇体漂白。用砖砌制而成，要求不漏水，内壁光滑。池的大小一般为长 2～3 米，宽 2 米，深1.5米（图112）。

图 112　清洗池

（2）盐渍池

在地面上直接用砖砌制，或者向地下挖坑后，在底部和墙面上贴砖，并在地面再砌砖加高。盐渍池大小一般为长2～3米，宽2米，深2米。盐渍池要求不渗漏水，表面光滑，最好在盐渍池内壁安装上白色瓷砖（图113）。应建3～4个盐渍池，以便分装不同级别的盐渍菇。每立方米的盐渍池可装0.8吨盐渍菇。

图113　盐渍池

（3）杀青锅

杀青锅是用来煮鲜菇的，用铝或不锈钢制作，不能使用铁锅、铜锅，否则煮菇后菇体会变色。杀青锅直径为80厘米，高为60厘米。将杀青锅置于灶上，用煤作燃料（图114）。

图114　杀青锅

(4) 冷却、漂洗池

冷却、漂洗池是用来对杀青的菇体进行冷却和漂洗的。用砖砌制而成，位于杀青锅与盐渍池之间。冷却漂洗池一般为3个并排在一起。池的大小一般为长2米，宽1米，深1.5米（图115）。

图115 冷却、漂洗池

2. 盐渍加工工艺

(1) 鲜菇整理和清洗

将鲜菇进行初分级，即将开伞、破膜、脱柄、病虫危害，菇体大于5厘米以上的菇分拣出来。或者按A、B、C、D、E、F等级别进行分级整理。然后修剪菌柄，去掉泥脚，使菌柄长度不超过1厘米。将鲜菇放入含有0.1%焦亚硫酸钠水中清洗去掉杂质，并使菇体变为洁白色，用拖布搅动清洗。最后将捞出的菇放入清水中漂洗20分钟以上，去掉菇体上残留的焦亚硫酸钠。捞出装入筐中沥去水后，及时进行杀青（图116）。

图116 鲜菇整理和清洗

（2）杀 青

在锅中装半锅水，旺火烧开，然后放入鲜菇，加大火力重新烧开水。刚下锅时不要搅动，以免损伤菇体，待菇体变软后，再翻动菇体，使菇体受热均匀。锅中出现大量泡沫时，及时撇出去掉。煮至菇体无硬心，并且有弹性，菇体呈微黄色，有光泽为止，煮熟透的菇体放入冷水中会自然沉入水底，否则为没有煮熟透。没有煮熟的菇是不能盐渍的，没有熟透的菇盐渍时，出现菇体变红，液体混浊（图117）。

图117 杀 青

（3）冷却、漂洗

将煮熟透的菇体捞出，迅速放入冷水池中冷却。最好用流动水冷却，冷却至菇体内外温度与室温一致，并且清洗去掉菇体内杀青水，然后，捞出菇体并沥去水（图118），没有完全冷却的菇体也是不能进行盐渍的，否则会出现色泽不正常，或变质。

图118　冷却、漂洗与沥水

A.冷却、漂洗　B.沥水

（4）盐　渍

蘑菇盐渍加工分为一次盐渍法和二次盐渍法。一次盐渍法：用75升食盐溶液加125千克杀青冷却的蘑菇，加食用盐封面，每天测盐水浓度，上下翻动1次。若盐水浓度下降，添加食盐至20～22波美度。4～6天后，盐水浓度稳定在18波美度时，可进行分级包装（图119）。二

图119　盐渍蘑菇

次盐渍法：是将一次法盐渍48小时得到的半成品再倒入缸中，加入22波美度食盐溶液盐渍48小时。待盐水浓度稳定在18波美度时进行分级包装。包装须按外贸部门要求的标准，选用清洁卫生、封口严密的塑料桶。盐水浓度保持18波美度，盐水要清，色泽黄亮而无杂质。

（5）盐渍菇分级

盐渍菇是我国主要出口产品，盐渍菇的分级关系到盐渍产品的质量，为此，我国制订了双孢蘑菇的行业标准见表6。盐渍菇卫生标准要求不含甲醛，农药残留和有毒有害重金属含量标准参照食用菌卫生标准“GB 7096-1996”。

表6　盐水蘑菇质量标准　（NY/T 224-94）

项　目	级　别					
	A	B	C	D	E	F（等外级）
菇盖直径（厘米）	1.5～2	2～2.5	2.5～3	3～3.5	3.5～4	大小不限
组织形态	菇形完整、饱满，有弹性，无畸形、薄片、开伞和脱柄菇					允许有少量开伞、脱柄和畸形菇
色　泽	呈淡黄色，菇面光洁，有光泽					
杂　质	无					
盐水浓度	18～22波美度					
酸度(pH值)	3.5～4.2					

分级方法：盐渍菇初分级可用铝筛过筛进行大小分级，或者用专用分级机械进行分级（图120）。出口的蘑菇产品，须进行精细分级整理，将盐渍菇摊放在桌面上，按分级标准进行分拣，并修剪菇脚，去掉泥脚和剪去超过1厘米以上的菌柄，使切口平整，同时去掉破损菇、脱柄菇、病斑菇和虫害菇。操作人员须穿戴工作衣帽和雨鞋，防止毛发和其他杂物混入菇内（图121）。

图 120　过筛分级

图 121　精细分级

（6）装　桶

装盐渍菇的桶有黑色塑料桶和蓝色塑料桶2种，黑色塑料桶只能用于原料周转，不能装菇出口；出口产品则要用蓝色塑料桶装菇。装桶时，先将盐渍菇捞出装入带孔的塑料筐内沥去水，沥水至不成线状流时称重。包装时，先在桶内放入1个塑料袋，加入3升添加了0.2%柠檬酸的20～22波美度的盐水，按蘑菇等级分别装桶，再加入饱和盐水淹没菇体，最后用绳扎好袋口（图122），加盖桶盖封严，即可出售（图123）。

图122 装 菇

A.桶内放塑料袋装菇 B.扎口

图123 装 桶

（三）酸渍加工

双孢蘑菇除了用盐水进行盐渍贮藏外，还可用醋酸液浸泡贮藏。

酸渍加工工艺流程：

鲜菇整理清洗漂白→杀青→冷却漂洗→加醋酸浸泡→分级整理→装桶出售

操作技术规程与盐渍加工相似，只是用酸液来浸泡。酸液的配制方法为：醋酸2%，食盐5%。将杀青冷却后的菇体，装入池中，并加入酸液浸泡10～15天后，即可装桶（图124），装桶方法同盐渍菇。

图 124　酸渍蘑菇

（四）干片加工

1. 去杂质

采收的双孢蘑菇须及时进行干燥，放置时间长后，会出现褐变。先切去菇脚带泥沙部位，然后，用洁净的湿毛巾擦去菇盖表面的杂质（图 125），不能用水洗的方法去掉杂质，否则菇体的含水量会增加，从而降低干片产品质量。

图 125　去杂质

2. 切　片

利用专用的切片工具进行切片（图 126），将蘑菇纵向切成薄片，厚度为 0.3～0.35 厘米（图 127）。切成的蘑菇片须及时干燥，当天切成的蘑菇片，当日干燥，否则会发生褐变。

图 126　切　片

图 127　蘑菇片

3. 干　制

蘑菇片的干燥用热风干燥设备进行干燥，其中利用蒸汽管道作热源进行干燥，有利于防止有害物质污染。将蘑菇片铺放在干燥筛上，送入干燥柜（图 128）。将温度控制在 40℃～60℃之间，温度由低到高逐渐升温，排风量由大到小。在干燥期间，须将上、下筛调换进行干燥，以便干燥一致。干燥到菇片含水量在 12%以下，即捏菇片就成粉末为止（图 129）。

图 128　干　燥

图 129 蘑菇干片

4. 包　装

将蘑菇干片装进洁净的塑料袋内，待其受潮变软后，进行装箱。先在纸箱内放入一个塑料袋，将蘑菇片装入袋内，定量装菇片，扎紧袋口，封严纸箱（图 130）。

图 130 装　箱

十一、主要病虫害防治

（一）病害防治

1.木　霉

又叫绿霉菌，常见木霉有哈茨木霉（*Trichoderma harzianum*）、康氏木霉（*T.kaningii*）和长梗木霉（*T. iongibrachiatum*）等。菌床上出现木霉菌后，抑制蘑菇菌丝生长，产生毒素致死幼菇（图131）。

（1）发生条件

通过孢子传播感染。培养堆制发酵不良和菌种生长不良时，易感染木霉类杂菌。

（2）防治方法

第一，培养料要求新鲜、干燥；堆制发酵要充分，严格按照堆制发酵程序进行，堆积发酵时间不得少于18天。

第二，播种用菌种要求无木霉感染，生长健壮，菌丝体浓密，菌龄短。

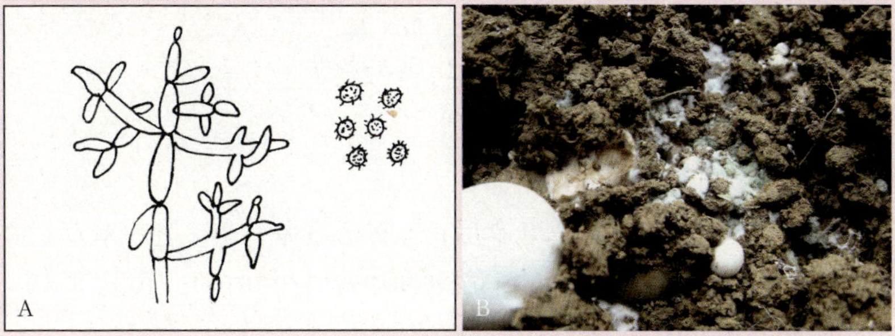

图131　木　霉

A.木霉形态　B.危害症状

第三，出现木霉类杂菌侵染后，用50%多菌灵1 000倍液，或克霉灵1 000倍液进行局部浇灌，抑制木霉菌扩展。

2.青　霉

青霉（*Penicillium* spp.）在土壤中繁殖后，抑制双孢蘑菇菌丝体向土壤中生长，从而造成不出菇（图132）。

（1）发生条件

土壤中含有机质和秸秆较高，并带有青霉菌。

（2）防治方法

第一，覆盖土壤应去掉表层土壤，取下层土壤覆盖。

第二，出现青霉菌感染后，用50%多菌灵1 000倍液进行浇灌，抑制青霉扩展。

第三，感染严重的并且面积较大时，应去掉覆盖的土壤，喷洒杀菌剂后，再覆盖新鲜土壤。

图132　青　霉

A.形态特征　B.危害症状

3.鬼　伞

培养料中生长鬼伞后，与蘑菇竞争营养，造成减产。常见的鬼伞有长根鬼伞（*Coprinus macrorhizus*）、粪鬼伞（*C. sterquilinus*）等（图133）。

（1）发生条件

鬼伞喜在高温高湿和有氨的培养料中生长。

（2）防治方法

第一，培养料堆制发酵腐熟须均匀，利用发酵时产生70℃以上高温杀灭鬼伞菌丝和孢子。发酵时要求在18天以上，并且原料要充分腐熟。

第二，在播种之前，要将培养料抖散平铺，让料中氨气散发后，再撒上菌种进行栽培。

第三，出现鬼伞后，要及时拔除，即在幼菇期去掉，防止开伞后菌盖自溶，孢子液传播。

图133　鬼　伞

4.粪　碗

在蘑菇培养料上发生粪碗（*Peziza versiculosa* Bull.Fr.）后（图134），与蘑菇竞争营养，从而造成减产。

（1）发生条件

生长在腐朽秸秆、肥沃土壤中。

（2）防治方法

第一，培养料堆制发酵要完全腐熟，发酵时间不得低于18天。利用发酵时产生的70℃以上高温杀灭粪碗。

第二，出现粪碗后，及时拔除，并在发生部位灌注50%多菌灵1 000倍液，方可杀灭，抑制其扩展。

第三，覆土时，应去掉地表肥沃土壤，取下层土壤来覆盖。

图134 粪 碗

5.胡桃肉状菌

又叫菜花菇病、块菌病。病原菌为德氏菌属小孢德氏菌（*Diehliomyces microsporus*），在覆土层和培养料中出现不规则成串的畸形小菇蕾状杂菌，淡黄色，并不断向四周扩散，散发出强烈的漂白粉气味（图135）。严重时，会使蘑菇菌丝消失，培养料变黑，造成减产或绝收。

（1）发生条件

该菌生长在农作物秸秆和土壤上。

（2）防治方法

第一，培养料堆制腐熟要彻底，使培养料完全腐熟，利用发酵时产生的高温杀死该菌。

第二，栽培场地要选择上一茬没有种植过蘑菇、姬松茸等食用菌的场地，并且在土壤中不要混有农作物秸秆，最好选择水稻田作栽培场地。

第三，不要使用感染胡桃肉状菌的菌种。

第四，出现感染后，及时拔除，用50%多菌灵1 000倍液，或50%施保功200倍液进行局部浇灌。

图135 胡桃肉状菌

6.白色石膏霉

又叫臭霉菌。病原菌为粪生帚霉(*Scopulariopsis fimicola*)。培养料上感染该菌后，初期为白色浓密绒毛状菌丝，菌落扩大后变为黄褐色，并产生臭味（图136），使培养料变黏、发黑，致使蘑菇菌丝无法生长。

（1）发生条件

病原菌生活在土壤和腐败的有机物上；培养料含水量偏高，含氮较多以及较高pH值环境下易发生。

（2）防治方法

第一，培养料堆制发酵要彻底，利用发酵时产生的高温杀灭病原菌。

第二，控制好培养料的含水量和石膏、石灰用量，防止培养料中含水量增高和出现较高的 pH 值。

第三，栽培场地要选择上一茬没有种植过蘑菇、姬松茸等食用菌的场地。

第四，出现感染后，先用石灰或盐覆盖，再用 50% 多菌灵 1 000 倍液进行局部处理，方可抑制其扩展。

图 136　白色石膏霉

7. 褐色石膏霉

又叫丝葚霉（*Papulaspora byssina* Hots.）（图 137）。蘑菇菌床上感染后，引起减产。发病初期，在培养料和覆土层上出现灰白色绒毛状菌落，扩展速度极快，不久变成肉桂褐色或褐色的粉末。

（1）发生条件

该病平时生长在土壤中有机物上。培养料腐熟过度，含水量偏高，温度高时极易发生。

（2）防治方法

第一，培养料堆制发酵要充分，发酵时间不宜过长，以

1个月以内为宜。

第二，栽培场地要选择上一茬没有种植过蘑菇、姬松茸等食用菌的场地，以水稻田为好。

第三，覆土时，要去掉表层土，取下层土壤覆盖，即取不含有机物的土壤来覆盖，切断传染源。

第四，出现该病后，先用石灰粉或盐覆盖，再喷洒50%多菌灵1 000倍液，或2%甲醛溶液，方可抑制其扩展。

图137　褐色石膏霉

8. 湿泡病

又叫疣孢霉、褐斑病、白腐病，该病原菌为菌盖疣孢霉（*Mycogon perniciosa* Magn）（图138）。是蘑菇生产中危害严重并普遍发生的一种病害。幼菇感病后，菌柄和菌盖分化受到抑制，变成不规则团状组织，似花菜菇或馒头菇。后期表面凹凸不平，并出现大量的褐色汁液。严重时，在菌床上出现一团一团的白色菌落。

（1）发生条件

该菌喜在20℃以下生长。主要通过喷水、工具和害虫传播。

（2）防治方法

第一，培养料发酵要彻底、充分，不能有“夹生料”。

第二，栽培场地应选择上一茬没有种植过双孢蘑菇、姬松茸和鸡腿菇等食用菌的场地。

第三，出现病害后，及时拔除病菇和土层上菌落，停止喷水，然后喷洒50%的多菌灵500倍液，或70%甲基托布津1 000倍液进行杀菌。

图138　湿泡病

A.形态特征　B.危害症状

9.干泡病

病原菌为轮枝霉（*Verticilium fungicola* Preuss）。是蘑菇生产中常见真菌性病害。幼菇感病后，分化受到抑制，形成不规则的白色菌块组织，后期菌块干缩。子实体生长中期和后期感病后，长成柄粗大，盖小的畸形菇，在菌盖上出现红褐色至黑褐色病斑，湿度大时，出现灰白色雾状物（图139）。

（1）发生条件

自然条件下生长在土壤和表面物上。在中温、高湿条件下生长速度极快。主要由空气、土壤和害虫带菌传染。

(2) 防治方法

第一，培养料堆制发酵要充分彻底，发酵时间不宜过短，利用1次发酵料栽培的，发酵时间不得少于20天。

第二，栽培场地要选择上一茬没有种植过蘑菇和姬松茸等食用菌的场地。

第三，出现该病后，喷洒50%多菌灵1 000倍液，或克霉灵1 000倍液进行杀菌，方可抑制其扩展。

图139 干泡病

10. 褐斑病

又叫斑点病、凹斑病。病原菌为蛛网丝枝霉病(*Aphanocladium aramentarius* ver sinense)。子实体感病后，首先长出白色绒毛状菌落，随后在菌盖上出现褐色凹陷病斑（图140)。

(1) 发生条件

自然条件下，该病生长在水稻田土壤中。在温度偏高的条件下易发病。通过覆土和喷水时传染。

(2) 防治方法

第一，覆盖取土时，要将表层土壤去掉，取下层土壤来覆盖。

第二，栽培场地要选择上一茬没有种植过蘑菇的场地，不宜在同块地中连年种植蘑菇，否则易感病。

第三，覆盖在菌床上草帘要经常调换覆盖面，不宜一直只用同一面覆盖，否则在草帘受潮后，孳生杂菌而传染蘑菇子实体。同时在草帘上喷洒50%多菌灵1 000倍液等杀菌消毒。

第四，保湿用水要使用清洁井水或河水，不能使用污水。气温较高时，要加强通风换气，降低湿度。

第五，出现该病后，及时去掉病菇，并停止喷水，喷洒多菌灵液进行杀菌。

图140　褐斑病

11. 鱼子菌

病原菌为白粒霉（*Sclerotium rolfsii*），在培养料上长出许多圆形米黄色小颗粒，形如鱼子，故称为“鱼子菌”（图141）。该菌除了与蘑菇争夺养分外，还分泌毒素，散发出腥臭味，抑制蘑菇菌丝生长，造成减产。

（1）发生条件

培养料发酵不良，形成“夹生料”；湿度过大，培养料偏酸性，以及培养料成团变黑变黏时，就会引起鱼子病发生。

（2）防治方法

第一，培养料堆制发酵时，堆制发酵时间不宜过短，利用1次发酵料栽培的，堆积发酵时间不得少于18天，并翻3～4次堆。

第二，控制好培养料水分和酸碱度，培养料含水量以手捏料不滴水为宜；培养料要松散，不发黏发黑。pH值为7.5～8。

第三，出现鱼子菌后，停止喷水，用300～500倍波尔多液浇灌，抑制病原菌扩展。

图141　鱼子病

12.软腐病

又叫霉菌病、菌被病，病原菌为树状指孢霉（*Dactylium dendroides*）。感病初期，在菌床上形成一层白色菌丝，似棉絮状，扩展后，覆盖整个床面，造成出菇减少或不出菇。子实体不萎缩，但用手一触即倒。发病严重时，在子实体上形成一层菌丝层，呈淡褐色软腐（图142）。

（1）发生条件

该菌喜在有机质丰富且潮湿的土壤中生长。在高温、高湿和培养料含水量偏高的条件下，生长繁殖快。

（2）防治方法

第一，栽培场地应选择上一茬没有生产过食用菌的场地，也不宜在含有机质丰富的菜园地和苗床地内栽培。

第二，覆盖用土，要取地表下层土来覆盖，并在土壤中拌入1%～2%的石灰粉拌匀土粒。

第三，出现该病后，及时拔除病菇，并喷洒50%多菌灵1 000倍液等杀菌剂进行处理。

第四，常通风换气，不要一直在草帘上覆盖塑料薄膜，并且常调换草帘覆盖面，避免草帘受潮后孳生霉菌传染。

图142　软腐病

13.褶霉病

又叫头孢霉病。病原菌为考氏头孢霉菌（*Cephalosporium costantinii*）和褶生头孢霉菌（*C.lamellacola*）。病原菌侵染子实体的菌褶和菌盖，以菌褶感病最为明显，菌褶粘连在一起，并出现褐色斑纹，致使子实体变形（图 143）。

（1）发生条件

病原菌生长在土壤和有机物上，通过土壤和空气传播。在高温、高湿条件下极易发生。

（2）防治方法

第一，在草帘上不要长期覆盖塑料薄膜，加强通风换气，避免出现高温、高湿环境。草帘要常调面覆盖。

第二，出现感病后，及时摘除病菇，加强通风换气，降低湿度。

图 143　褶霉病

14. 锈斑病

蘑菇子实体上出现锈色斑点，或者为褐色斑点，与褐斑病不同的是不产生凹陷（图 144）。病原菌为托拉斯假单胞杆菌（*Pseudomonas tolassi*）。

（1）发生条件

病原菌生活在土壤和不清洁水中。在高温、高湿条件下危害严重。

(2) 防治方法

第一，栽培场地要选择没有种植过生姜、花生以及上一茬没有栽培过蘑菇、姬松茸等食用菌的场地。

第二，保湿用水要使用清洁井水或河水，不能使用污水，以免水中带菌传染。

第三，加强通风换气，降低温度和湿度，温度控制在20℃以内，空气相对湿度保持在85%～95%之间。

第四，出现该病后，摘除病菇，然后喷洒“克菌”等杀菌剂。

图144　锈斑病

15. 菌丝体徒长

菌丝体大量生长在土表层，形成浓密的菌丝层（图145），从而降低产量和质量。

(1) 发生条件

菌床湿度大，二氧化碳浓度偏高时发生。

(2) 防治方法

第一，播种后，加强通风换气，降低二氧化碳浓度和土壤含水量。要常揭去草帘上塑料薄膜通风换气。利用塑料薄膜棚栽培的，要将两端塑料薄膜揭开通风。

第二，出现大量菌丝体长到土表后，去掉菌丝层，再覆盖一层土壤。同时加强通风，降低土壤水分，抑制菌丝在土壤表面生长。

图145　菌丝徒长

16. 束状菌丝

培养料中蘑菇菌丝体呈束状，并且稀疏，整个培养料内菌丝体分布少（图146）。出现不出菇或出菇稀少等现象。

（1）发生条件

培养料中含水量偏高，造成通透性下降，不利于蘑菇菌丝生长。

（2）防治方法

第一，培养料堆制发酵时，控制好含水量，发酵好的培养料以手捏料无水流出为宜。

第二，播种后，避免雨水淋湿培养料，在雨天要及时覆盖塑料薄膜防雨淋。

第三，出菇期间喷水保湿时，不要洒水过多，避免淋

湿培养料，以刚好淋湿覆土层为宜，做到少喷、勤喷的水分管理。

图 146　束状菌丝

17. 地雷菇

子实体在土壤中生长，受到土块的压抑，菌盖表面出现凹凸不平，从而降低商品质量（图 147）。

（1）发生条件

覆盖的土层过厚，或者土粒偏大。诱导出菇过早，结菇部位低。播种时培养料中混有土粒。

（2）防治方法

第一，覆盖用土粒不宜过大，以免幼菇生长无法顶破土粒而在土块下面生长。覆土也不宜过厚，以 3.5～4 厘米

图 147　地雷菇

为宜。

第二，播种时，不能在培养料中混入土粒，以免在料层中土粒上结菇，造成结菇部位低，而无法长出土表。

第三，诱导出菇须及时，在菌丝生长到距土壤表面1厘米时，喷水诱导出菇。

第四，结菇部位低的菇要及时采收，以免长大后变成畸形。特别是在春季，易出现地雷菇。

18.薄皮菇

子实体菌盖薄，柄细长，易破膜开伞（图148），这种菇的商品质量低。

图148　薄皮菇

（1）发生条件

出菇过密、养分不足、气温偏高、水分不足等都会导致子实体，菌柄细长，提早成熟、开伞。

（2）防治方法

第一，诱导出菇要及时，在菌丝体尚未长到土表时，就要及时喷水诱导出菇。

第二，气温较高时，要加强通风换气和水分管理，降低温度，减慢子实体生长速度。

第三，常保持土壤呈湿润状态，以手捏土粒能扁，并可搓成圆形，又不黏手为宜。

第四，往往第一潮菇易出现薄皮菇，须及时采收，防止菌膜破裂，降低产品质量。

19. 空心柄菇

子实体形态正常，切开菌柄后，可见菌柄中空或中部为白色海绵状（图 149），其商品价值低。

（1）发生条件

土壤含水量低，空气相对湿度小，温度高于18℃时，就易长成空心柄菇。

（2）防治方法

第一，子实体生长期间做好保湿管理，保持土壤湿润，即用手捏土能扁并能搓成圆形，而又不黏手为宜。

第二，温度高于18℃时，加强通风换气，降低菌床内温度。

图 149　空心柄菇

20.鳞片菇

子实体菌盖上出现鳞片，变为褐色（图150），从而降低商品质量。

(1)发生条件

光照强，空气相对湿度低时，就会长成鳞片菇。

(2)防治方法

第一，子实体生长期间，须遮光，使菌床上处于黑暗或弱光照条件下。

第二，加强水分管理，减少通风量，保持菌床上土壤湿润，空气相对湿度达到90%~95%。

第三，出菇期间，禁止施用农药，以免农药伤害后引起菌盖上形成鳞片。

图150 鳞片菇

21.死 菇

原基或豌豆粒大幼菇死亡，但不腐烂（图151），从而造成减产。

（1）发生条件

土壤中病害所致，以及用水量过大和温度偏高都可引起幼菇死亡。

（2）防治方法

第一，栽培场地要选择上一茬没有种植过蘑菇、姬松茸等食用菌的场地；也不宜在花生地、生姜地和蔬菜地内栽培，否则土壤中病原较多，引起大批幼菇死亡。

第二，原基形成和分化期间，切勿用水过量，同时加强降温管理，人为创造子实体生长的良好环境条件。

第三，出现幼菇死亡后，摘除病菇，在菌床上喷洒50%多菌灵1000倍液，或克霉灵1000倍液等对土壤进行消毒。

图151　死　菇

（二）虫害防治

1.螨　虫

是蘑菇菌种生产和栽培中常见且为害较严重的害虫，主要为腐食酪螨[*Tvyrophagus vputrescentiae*（Svchrank)]。

螨虫取食蘑菇菌丝体，造成菌种报废和出菇量减少，幼菇死亡（图152）。

（1）生活习性

螨虫喜在潮湿温暖的场所生活，平时在棉籽壳、米糠和菜籽饼等原料中生活，在蘑菇堆肥中常见螨虫发生。螨虫个体小，繁殖快。

（2）防治方法

第一，培养菌种的场所，在使用之前，喷洒杀螨农药如敌敌畏、扫螨特等；密闭效果好的培养室，可用磷化铝熏杀。

第二，堆制发酵料中发现有螨虫时，喷洒800～1000倍敌敌畏液，然后用塑料薄膜密闭1天，方可杀灭螨虫。

第三，在菌床上发现螨虫为害时，用纸垫着磷化铝，再覆盖塑料薄膜密闭熏杀。

图152　螨　虫

2.嗜菇瘿蚊

嗜菇瘿蚊（*Mycophila fungicola*）以幼虫取食蘑菇菌丝

体，还可取食蘑菇子实体，从菌柄开始取食，在菌柄咬出孔洞（图153）。

（1）生活习性

在较干燥的环境中生长，喜在枯树叶、菜叶、腐烂有机物上生活，具有较强的趋光性和趋腐烂有机物质的特性。

（2）防治方法

第一，培养室在使用之前，喷洒杀虫剂如2.5%溴氰菊酯1250～2500倍液，或敌敌畏800～1000倍液杀灭害虫。

第二，堆制发酵时，调节培养料的水分至含水量65%～70%，避免培养料偏干，引起大量菌瘿蚊生长。

第三，栽培时，加强水分管理，保持土壤呈湿润状态，恶化菌蚊生长的条件，控制菌瘿蚊为害。

第四，出现菌瘿蚊为害后，在出菇之间，或采收结束后，喷洒低毒低残留的农药杀灭，同时加强水分管理。

图153　嗜菇瘿蚊

A.成虫　B.为害症状

3.蛞　蝓

蛞蝓（*Limax flavus*）是田间栽培双孢蘑菇中常见且为害较严重的害虫，将蘑菇子实体咬出孔洞，从而降低商品

主要参考文献

1 橋本一哉著.マッシエルーム栽培法—高度生产技术への对応.農村文化社，1987

2 孔祥君，王泽生主编.中国蘑菇生产.北京：中国农业出版社，2000

3 杨国良主编.蘑菇生产大全.北京：中国农业出版社，2004

4 黄年来编著.食用菌病虫害诊治（彩色）手册.北京：中国农业出版社，2001

质量（图 154）。

(1) 生活习性

喜在潮湿，黑暗下生活，不耐干燥。昼伏夜出为害。

(2) 防治方法

第一，在菌床四周撒上干石灰粉，形成隔离，阻止蛞蝓进入。

第二，在菌床上喷洒 1∶10 茶饼粉浸出液，或 10% 食盐水杀灭蛞蝓。

第三，人工捕杀，或者在菌床旁边放上嫩青草或菜叶诱食后集中捕杀。

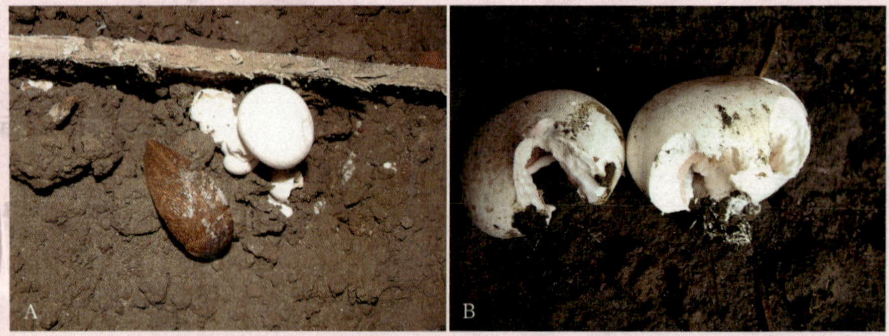

图 154　蛞　蝓

A.蛞蝓　B.为害症状